U0111101

新雅・知識館

謝謝你，親愛的地球——讓孩子認識保護地球的方法

作者：瑪莉・霍夫曼（Mary Hoffman）
繪圖：蘿絲・阿思契弗（Ros Asquith）
翻譯：馬炯炯
責任編輯：潘曉華
美術設計：陳雅琳
出版：新雅文化事業有限公司
香港英皇道499號北角工業大廈18樓
電話：（852）2138 7998
傳真：（852）2597 4003
網址：http://www.sunya.com.hk
電郵：marketing@sunya.com.hk
發行：香港聯合書刊物流有限公司
香港新界大埔汀麗路36號中華商務印刷大廈3字樓
電話：（852）2150 2100
傳真：（852）2407 3062
電郵：info@suplogistics.com.hk
印刷：中華商務彩色印刷有限公司
香港新界大埔汀麗路36號
版次：二〇一九年二月初版

ISBN: 978-962-08-7223-5
Original title: *The Great Big Green Book*

First published in 2015 by Frances Lincoln Children's Books, an imprint of The Quarto Group.

The Old Brewery, 6 Blundell Street, London N7 9BH, United Kingdom.
T (0)20 7700 6700 F (0)20 7700 8066 www.QuartoKnows.com

18/F, North Point Industrial Building, 499 King's Road, Hong Kong
Published and printed in Hong Kong

每次翻到新一頁，
你都能找到我嗎？

謝謝你，親愛的地球

——讓孩子認識保護地球的方法

瑪莉・霍夫曼　著

蘿絲・阿思契弗　圖

新雅文化事業有限公司

www.sunya.com.hk

從太空看我們的家

宇宙是一個很大的地方，
大得超出所有人的想像。

而我們都生活在太空中一個小小的地方，名叫地球。

美好的世界

我們需要什麼才能夠生存呢？就是讓我們能呼吸的空氣、能飲用的水、能充飢的食物，以及能躲避惡劣天氣的家園。地球，給予我們以上的一切。

我們也許是全宇宙中，唯一能在一個
星球上獲得一切生存所需的生物。
給我飛翔
的天空。
給我游泳
的大海。
我也需要海。
給我攀爬的樹。
給我美味
的食物。
給我可口
的老鼠。

藍色的星球

水覆蓋了地球表面七成的面積，地球應叫做水球才對呢！就連人類的身體也有六成是水分。

我們的海洋充滿了寶藏——珍貴的珊瑚、魚類、海馬、鯨魚、海豚等等。

可是，我們不能直接喝鹹鹹的海水。我們需要河流、湖泊、小溪和從天空降下的雨水，這些水是淡水，經過消毒和過濾後才可以飲用。此外，水中還有我們可以食用的水產，例如魚、蝦、蟹等等。

我們應該保持海洋清潔，令住在裏面的魚和植物繼續生存，而且我們也需要潔淨的水來飲用和灌溉農作物。

綠色的星球

植物對所有生物都有很大的貢獻，例如人類已從它們身上得到了很多東西——建築材料、食物、衣服，甚至藥物。可是，我們並沒有好好珍惜植物。

人們把熱帶雨林稱為「地球之肺」，那裏的植物又高又大，而且十分茂密，不但是很多動物的棲息之所，也是製造大量氧氣的地方，可是每年都有大片的雨林遭到破壞，被改變成為耕地、採礦場等等。

樹木非常寶貴，我們要好好保護它們。

我們呼吸的空氣

植物會吸入我們呼出的二氧化碳，釋放氧氣，並淨化空氣。如果我們把大量的廢氣排到空氣中，植物就要加倍努力工作才能淨化空氣。

越來越多的汽車和工廠噴出黑煙，植物已經難以及時淨化空氣了。

我們應該盡力保持空氣清潔，使人類和動物都能呼吸清新的空氣。

氣候轉變

我們的地球變得越來越暖了。很多科學家相信，我們燃燒東西時帶來多餘的熱能，令天氣漸漸改變——有些地方出現越來越多的暴風雨，有些地方的雨水卻變得越來越少。

     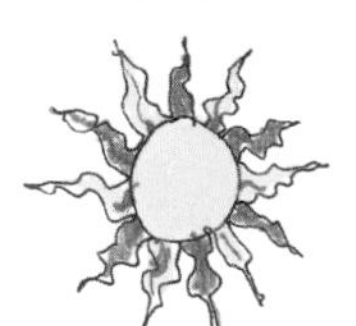  

動物的家，也就是牠們的棲息地，都因為天氣變化而發生改變。動物只能嘗試適應新環境。

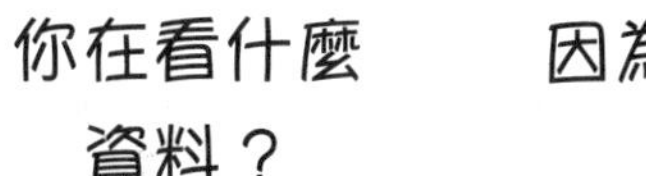

地球上的生物
所有動物都能
愉快地生活，
真是一個美好
的世界！
所有動物，包括人類，都是維持
大自然平衡的一部分。

大象、老虎、大猩猩、藍鯨、北極熊、小熊貓、犀牛，還有很多動物，都處於瀕臨絕種的危機中。

我們和動物一起在這個地球生活，大家都是地球的一分子，所以我們應該愛護動物，與牠們和平共處。

動物並不是唯一處於危險中的生物。如果我們失去太多樹木，或者水資源受到污染或乾涸，人類最終也會滅絕——就像恐龍在地球上消失一樣！

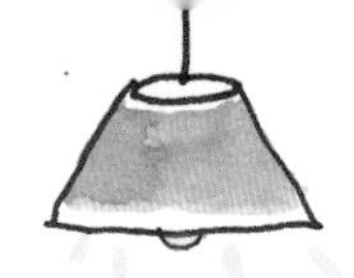
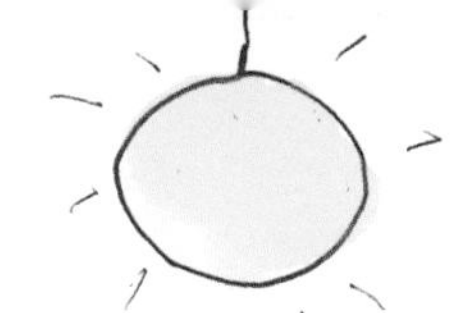
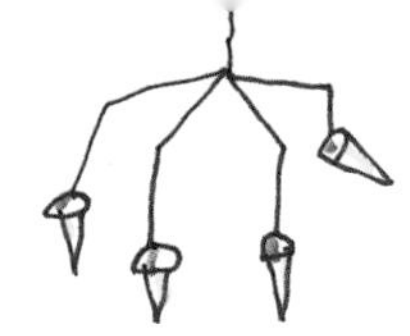
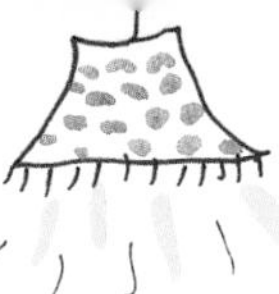

能源會有耗盡的一天，現在的照明系統、保持家居溫暖或涼快的空氣調節系統不會永遠延續下去，所以我們要想出新方法產生所需要的光和熱。

節約用水，節約能源

我們應該節約家居的用水、煤氣和電力。即使是節約一點一滴，加起來就會變得很多的了。

＊ 逆時針方向：開

＊ 順時針方向：關

你可以改用節能洗衣機嗎？還有，不一定要用乾衣機的，將衣服掛在室外吹乾吧。

有時候這些行動不容易實踐，因為很多決定都是大人做的，但是你可以跟他們說說你的想法。

循環再用

與其將我們不要的東西拋棄導致浪費，不如將它們轉贈給有需要的人吧！

我們已做了蛋盒車子、蛋盒城堡和蛋盒種子盤，誰想到其他使用蛋盒的方法呢？

在二手店購買衣服或其他物品，也是一種環保的好方法。

想想家裏每天使用的塑膠、紙盒和紙張，它們全都可以循環再造和再用。

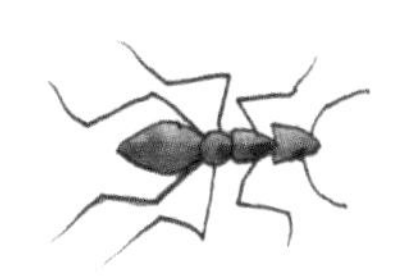
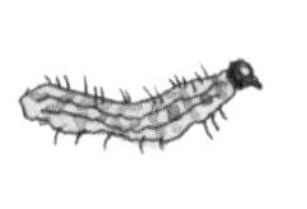

除了將垃圾堆成垃圾山或直接埋在地下外，我們可以將大部分垃圾加工製成肥料——而它們最後又會轉化成泥土。

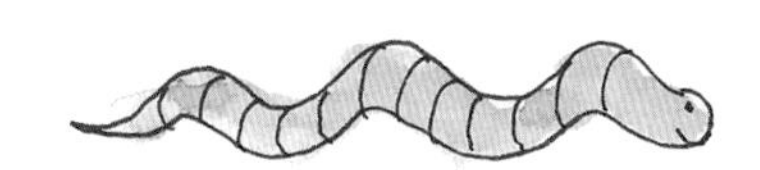
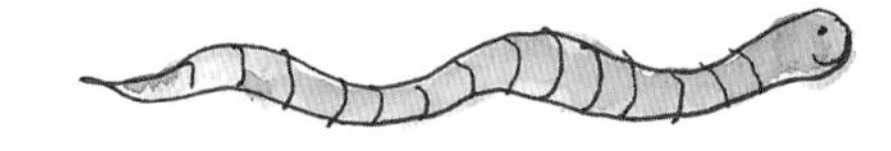

能源的可持續性

我們需要一些創新的想法和發明，善用太陽、海浪、風等不會在短期內耗盡的能源。

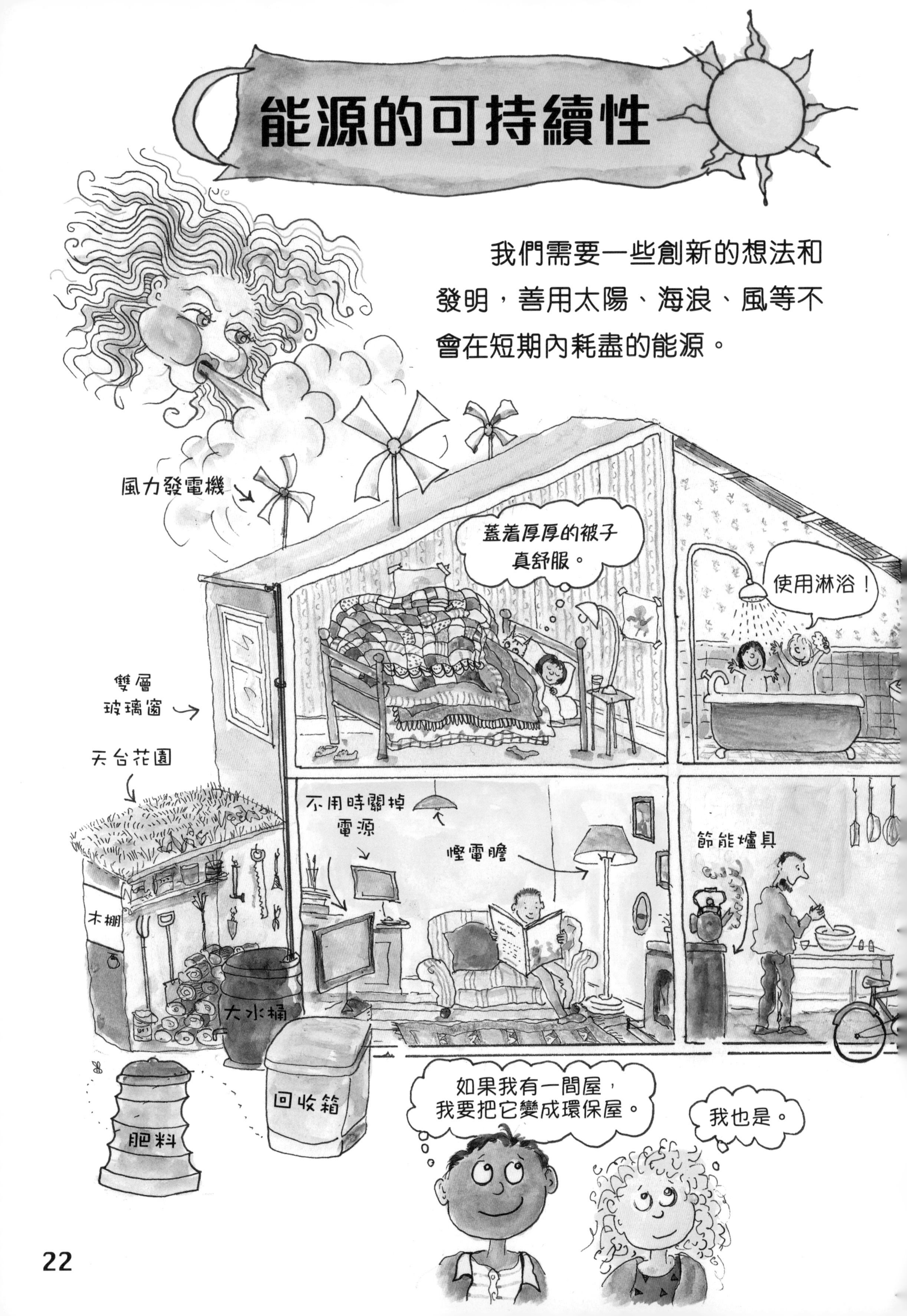

核能是一種高效能源，可經由核裂變和核聚變產生。由於核裂變會產生較多污染物，因此科學家正在研究使用較潔淨的核聚變發電方法。

核裂變可以提供能源，但它不夠安全。

核聚變發電就像太陽一樣，在極高壓力和溫度下產生能量。

核聚變發電還在研究中，我可能成為解決核聚變發電的專家！

天才

美化舊物

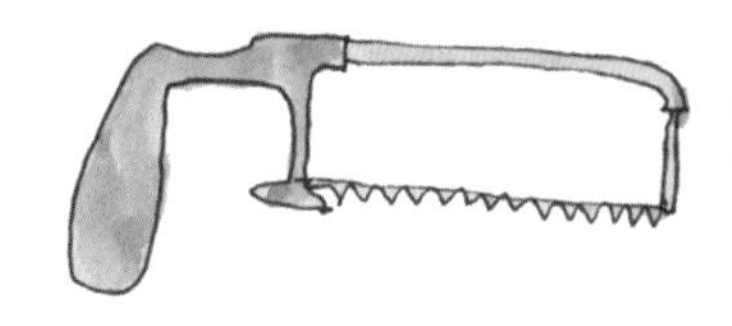

我們習慣了用完即棄，但其實很多用舊了的東西，例如單車、衣服、玩具、家具等，經過創意設計，就可以轉變成有用的東西。

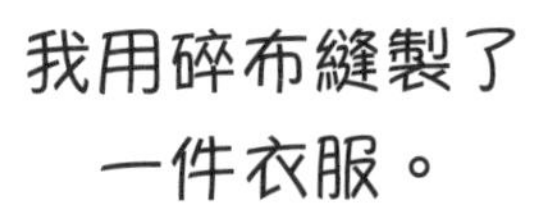

我用碎布縫製了一件衣服。

我可以在上面盡情畫畫。

我可以用來做手工。

我最愛我這隻舊的熊寶寶。

我們可以學習修補東西，並改變所有東西都需要全新的和趕上潮流的想法，就可以減少很多浪費。

慢活

我們的生活節奏需要放慢一點，因為每當有人乘飛機快速飛向世界另一端時，就會造成更嚴重的空氣污染。

飛機還帶來生產於千里之外的東西，所以我們全年都能吃到原本只能在夏天吃到的水果，也能用上外國生產的電器。

    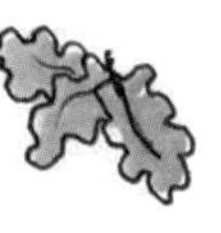   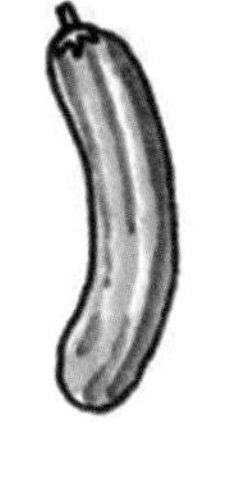

其實我們可以花些時間，在離家不遠的假日農莊種植自己的食物，甚至在家中的陽台或窗台栽種小番茄等植物。還有，我們應該多購買本地的時令食物，減少因運輸而產生的污染物。

   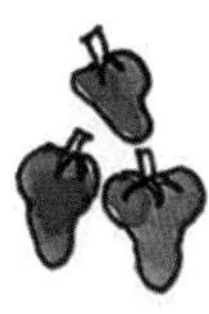  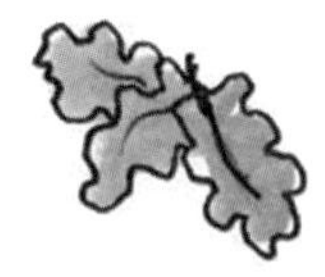

多些發問

保護地球的方法有很多，多些思考，多些發問，可能會有更多啟發，令世界變得更美好呢。

電力是怎樣產生的？

怎樣令所有人吃得飽？

步行到學校好嗎？

為什麼我們不乘搭公共交通工具而是私家車呢？

水是怎麼跑到水喉裏去的？

為什麼人們將所
有燈都開了？
如果汽車數量減
少，是不是可以多
建幾個遊樂場呢？
我們真的需要
升降機嗎？
當然需要！
為什麼人類
不長出長毛保暖，
或不吃草呢？

發明

地球的問題不會自己消失，我們必須想出解決方法。有些保護地球的好方法來自年輕人的創意想法，例如在2012年，一個名叫Boyan Slat的十八歲荷蘭男孩發明了清理海洋塑膠垃圾的方法；同年，一個名叫 Azza Abdel Hamid Faiad 的十六歲埃及女孩發現了將塑膠廢物轉為能源的方法。

      $y=Mc^2$!

你能想到更多保護地球的方法或發明什麼東西
來改善環境污染問題嗎？

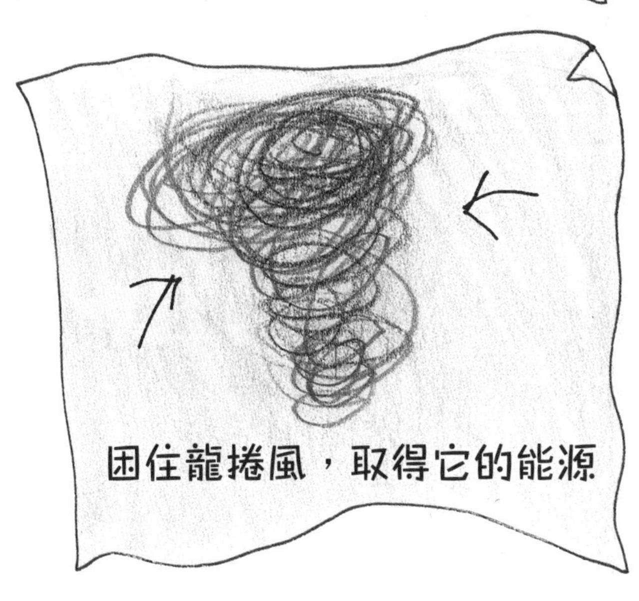

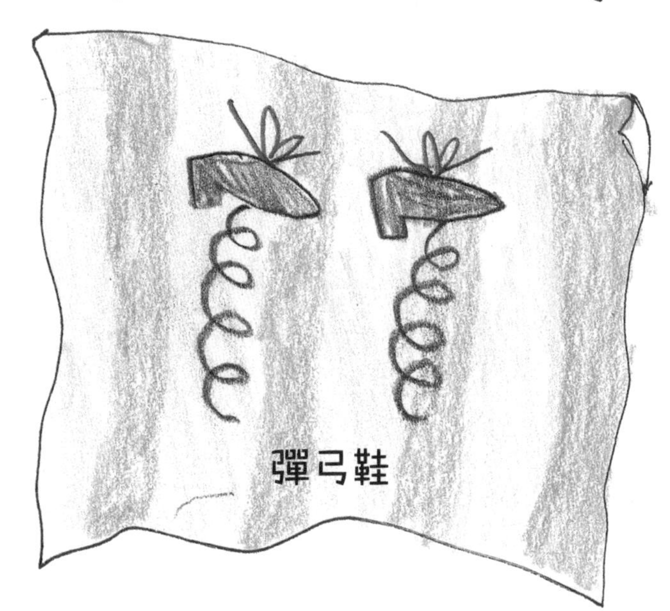

讓地球變得美麗

你希望我們的地球回復以往般美麗嗎？你可以令它再次變得美麗的！一切就取決於你的行動和想法。

你的地球需要

你

對，就是正在讀這本書的**你**！